AF243293

RELATION

INTÉRESSANTE
DU VOYAGE D'EXIL
et de l'Embarquement

DE S. M.
CHARLES X
et de la Famille Royale;

SUIVIE

DU MODÈLE
DE LA LOYAUTÉ FRANÇAISE.

OU LETTRE ADRESSÉE PAR M. LE DUC
DE MONTMORENCY-LAVAL,
PAIR DE FRANCE, A M. LE PRÉSIDENT DE LA
CHAMBRE DES PAIRS;
D'UNE LETTRE ADRESSÉE AU MÊME
PAR M. LE MARQUIS
DE CHABANNES, PAIR DE FRANCE;
D'UNE LETTRE ADRESSÉE A M. LE PRÉSIDENT
DE LA CHAMBRE DES DÉPUTÉS PAR M.
DE PIGNEROLLES;
D'UN DOCUMENT AUTHENTIQUE
[SUR LES PRÉTENDUES DETTES DE S. A. R.
MADAME, DUCHESSE DE BERRI;
ET D'UNE LETTRE CURIEUSE ET HISTORIQUE
SUR LE SERMENT D'OBÉISSANCE
AUX CONSTITUTIONS.

On lit ce qui suit dans le *Journal de Falaise* du
11 août :

« Ce fut hier, 10 août, à huit heures un quart
du matin, que le roi Charles X traversa Falaise,
se rendant d'Argentan à Condé-sur-Noireau.

L'escorte se composait des quatre compagnies de gardes-du-corps et d'une compagnie de gendarmes d'élite. Plusieurs voitures de cour précédaient celle du roi, dans laquelle se trouvaient, avec lui, les ducs Armand de Polignac et de Luxembourg. Le duc d'Angoulême marchait à cheval sur le devant, au milieu de l'état-major. Madame la duchesse d'Angoulême, la duchesse de Berri, le duc de Bordeaux et Mademoiselle, se voyaient dans les autres voitures, avec leur suite nombreuse. Cinquante à soixante cabriolets et fourgons, avec tous les gens de la maison avaient défilé, pendant près d'une heure, en avant du cortége : il y avait peut-être 1500 personnes, tant en garde qu'en officiers de la suite des princes. Le nombre des chevaux était encore plus considérable.

» Le roi paraissait fort attentif à lire une dépêche en traversant la ville ; le duc d'Angoulême saluait le peuple, ainsi que les Enfants de France. Madame d'Angoulême, et surtout Madame la duchesse de Berri, paraissaient profondément affligées. Charles X jouissait en apparence d'une bonne santé.

» Le roi est descendu d'abord dans une auberge, au sortir de la ville, sur la route de Bretagne, et il y a bu un verre d'eau. On lui avait préparé un déjeuner dans une petite maison de campagne appelée *la Lacelle*, située sur la bruyère de Vanembras, et possédée par M. Bellencontre. Le roi ne s'est point arrêté en cet endroit, mais un peu plus loin, à Miette, à une demi-lieue environ de la ville, il s'est fait servir à déjeûner dans une auberge de mince apparence, et dans un appartement que ne fréquentent guère que des ouvriers. La famille s'est assise sur des bancs, et a pris son repas au milieu du public qui circulait tout à l'entour. Cette scène a duré au moins une heure. Le roi et les princes se sont entretenus avec plusieurs personnes de toutes les classes. Ils ont repris ensuite leur route pour se rendre à Condé dans la journée.

» Le spectacle de cette famille malheureuse déchue d'un si haut rang, a fait une touchante impression sur les esprits. On oublie les fautes des princes quand on les voit dans l'infortune. Aucun cri insultant n'a rendu plus amère la triste situation de Charles X, quittant la France pour la troisième fois. Le peuple a été silencieux, calme. Plus d'un vieux serviteur de la cause royale a versé, à la vue de son souverain déchu, des larmes que l'on a respectées. La fidélité est toujours belle, et surtout envers les malheureux. Le mépris et la haine publique sont seulement pour ceux qui renient lâchement le maître qu'ils ont bassement servi et flatté dans les jours de sa prospérité.

» Les commissaires du gouvernement chargés d'accompagner Charles X jusqu'à la frontière, étaient, jusqu'à Falaise, MM. le maréchal Maison, pair de France, de Schonen, député, et Odillon-Barrot, avocat et officier de la garde nationale de Paris; MM. de la Pommeraye, député du Calvados, et le colonel Chatry-Lafosse, leur ont été adjoints à partir de cette ville. Ces commissaires ne s'éloignent point du cortége royal. A Falaise, ils sont descendus chez M. Collombel, nouveau sous-préfet de cet arrondissement.

» Charles X a dû s'embarquer aujourd'hui à Cherbourg, soit pour l'Angleterre, soit pour la Sicile : on ne sait pas encore positivement vers lequel de ces deux pays il se dirigera. La suite de la famille royale est devenue très-peu nombreuse; parmi les personnes qui la composent se trouvaient encore deux ex-ministres, MM. de Montbel et Capelle. »

EMBARQUEMENT DE LA FAMILLE ROYALE.

Charles X et sa famille, partis de Valogne, le 16, à 9 heures du matin, sont arrivés à Cherbourg à une heure, et sans s'arrêter dans la ville, se sont dirigés vers le grand port où ils étaient attendus par les deux bâtiments américains affrétés pour les transporter hors de France. Ils étaient escortés par environ 800 chevaux, tant gardes-du-corps que gendarmes des chasses.

D'une première voiture sont d'abord descendus, M. de Damas, M. de Mesnard, Mme de Gontaut et le duc de Guiche. Ils ont gagné précipitamment le navire. Mme de Gontaut s'est arrêtée devant M. le maréchal Maison, et lui a dit : « Qu'il est cruel, M. le maréchal, de quitter la France! » Les yeux de Mme de Gontaut étaient remplis de larmes, et sa figure annonçait la plus profonde douleur.

La voiture royale contenait Charles X vêtu d'un simple frac bleu; le dauphin en redingotte olive, avec un chapeau gris sur sa tête ; la dauphine, plus que simplement habillée ; le duc de Bordeaux, Mademoiselle, la duchesse de Berri, coiffée d'un chapeau d'homme et revêtue d'une amazone. Le duc de Bordeaux est descendu le premier, le dauphin le conduisait, il donnait le bras à la dauphine, dont les traits étaient altérés au-delà de toute expression. La figure de Charles X était abattue, ses yeux étaient fatigués, mais il conservait du calme.

Rien ne saurait rendre l'expression de désespoir empreinte sur la physionomie de Madame la duchesse de Berri. Elle est restée immobile pendant quelques instants sur le bord du pont , a pressé les mains d'un ancien officier de sa maison, et s'est brusquement élancée vers le paquebot.

Parmi les personnes qui accompagnaient Charles X , on a remarqué le duc de Raguse , le duc Armand de Polignac , le duc de Guiche , Madame de Bouillé , et quelques officiers de la maison. Il y a en tout soixante personnes de marque. M. le général Talon , qui a fait préparer les logements , est reparti pour Paris aussitôt après l'embarquement.

Les bâtiments ont pris la mer à deux heures précises.

Le pilote qui a conduit le paquebot hors du port est revenu vers sept heures, et a rapporté qu'au moment où les princes ont vu s'éloigner les côtes de France , ils se sont abandonnés à la douleur la plus vive , et ont répandu des larmes abondantes. Charles X paraît être celui qui a montré le plus de résignation.

Les deux paquebots, sous le commandement de M. le capitaine Durville , se sont dirigés vers la rade de Portsmouth , à *Spithead*. Là , Charles X doit attendre la réponse à une lettre autographe adressée par lui au roi d'Angleterre. Si elle est favorable, la famille royale se rendra en Ecosse : dans le cas contraire , elle irait , dit-on , à Palerme.

Aucun ministre ne se trouvait avec la famille royale.

PROCÈS-VERBAL.

Nous , commissaires délégués auprès du roi Charles X pour le conduire, lui et sa famille, à

Cherbourg, et veiller à leur sûreté, nous étant transportés à bord du navire américain la *Grande-Bretagne*, avons constaté que le roi Charles X., Leurs Altesses Royales Louis-Antoine, Dauphin, Madame la Dauphine, Mgr le duc de Bordeaux, Madame la duchesse de Berri et Mademoiselle, ont été embarqués sur ce navire, le 16 du mois d'août 1830, à 2 heures, et à 3 heures précises ont quitté le rivage de France pour faire voile vers la côte d'Angleterre. De tout quoi nous avons dressé le procès-verbal, et l'avons signé et fait signer par le préfet maritime du port de Cherbourg, présent audit embarquement.

Fait à Cherbourg, le 16 août 1830.

Le maréchal marquis MAISON, DE SCHONEN, DE LA POMMERAYE, ODILLON-BARROT.

Le préfet maritime , POUYER.

Pour copie conforme :

Le ministre secrétaire-d'état au département de l'intérieur ,

GUIZOT.

M. le duc de Montmorency-Laval invite le rédacteur de la *Quotidienne* à publier la lettre suivante, qu'il a adressée à M. le président de la chambre des pairs.

Paris , le 11 août 1830.

M. le président,

Pair de France, il ne m'est plus permis de garder le silence sur les motifs qui me déterminent à ne point prendre part aux travaux de la noble chambre. Veuillez, M. le président, me faire l'honneur d'être mon interprète auprès d'elle.

Deux grands devoirs se présentent ici à remplir. Je dois d'abord m'associer par toutes mes affections, et j'oserai dire par mes souvenirs héréditaires, à la plus éclatante des adversités.

Ambassadeur de France depuis seize ans près des grandes cours de l'Europe, je viens, pour la dernière fois, de baiser la main du prince qui, ainsi que son auguste frère, m'avait revêtu de ce haut caractère. Tant que mon cœur battra dans ma poitrine, je me ferai honneur et gloire de respecter, d'aimer de toutes les forces de mon amour et de ma reconnaissance les trois générations de rois qui s'avancent si péniblement vers l'exil.

Un devoir non moins sacré envers la patrie réclame aussi mon dévoûment. Ainsi que le noble duc qui s'est exprimé hier avec des accents de vérité si pénétrants, que vos ames en ont été toutes troublées et convaincues, je déclarerai que les principes de la charte de Louis XVIII, de glorieuse mémoire, sont entrés dans mon cœur pour y vivre à jamais sans aucune réserve ni restriction. Retenu hors de France par mes fonctions diplomatiques, jamais une seule ds mes paroles, un seul de mes écrits, n'a démenti la sincérité de cette profession de foi politique.

L'étonnante prospérité de la belle nation avec laquelle il y a encore si peu de jours, j'étais chargé d'entretenir nos relations d'amitié, ne brille d'autant de puissance et de splendeur que par l'admirable accord entre les droits du trône et les droits des peuples. Ce grand spectacle sans doute n'a pu affaiblir mes convictions.

Cependant, en adhérant aux principes qui ont été professés hier par mes nobles amis, ma conduite ne sera pas conforme à la leur.

Je ne saurais me résoudre à délibérer avec mes collégues, ni avec moi-même, sur un nouveau serment dont ma vieille fidélité doit s'alarmer, surtout lorsque les pas chancelants de Charles X et de sa famille fugitive foulent encore le sol de la France.

Ce n'est point de l'opposition, c'est de l'honneur; et l'honneur est ce qu'il y a de plus français : c'est la conséquence de mon nom, la suite de toute ma vie; ce n'est point une impuissante résistance à un système qui parait aujourd'hui la seule ressource de la France dans le naufrage dont la monarchie a été menacée; ce n'est enfin qu'un juste sentiment de vénération pour le malheur, et d'amour pour une race royale que je croyais devoir servir jusqu'à l'épuisement de mes forces.

Je demande au temps et à la retraite de m'éclairer de leur conseil.

Agréez, M. le président, etc., etc.

Signé : MONTMORENCY-LAVAL.

~~~~~~~~~~

A M. le Rédacteur de LA QUOTIDIENNE.

Etant arrivé trop tard pour prendre part à la délibération qui a eu lieu à la chambre, ce n'est que par la publicité que je puis faire connaître mon opinion : c'est pourquoi je vous prie de vouloir bien insérer dans votre journal la lettre ci-jointe, que j'ai eu l'honneur d'adresser à M. le président de la chambre des pairs.

Monsieur le président,

Je suis parti de chez moi au moment où la nouvelle de l'abdication du roi Charles X m'est parvenue. Les événements se sont tellement pressés que lors de mon arrivée ici la plus grande question qui fut jamais, était déjà décidée.

J'éprouve le besoin de faire connaître à mes
~~~~~~~~~~

nobles collégues l'opinion que j'aurais émise si je me fusse trouvé présent à la délibération , et et je vous prie, M. le président, de vouloir bien en faire part à la chambre , et en ordonner le dépôt aux archives.

J'aurais voté des remerciements au prince lieutenant-général pour le rétablissement de la paix publique. Je l'aurais supplié d'imiter l'exemple d'un de ses aïeux, qui conserva un roi enfant à la France. Enfin, j'aurais joint mon vote à celui de mes collégues qui se sont prononcés pour le grand principe de la légitimité, seule base du bonheur et de la tranquillité des peuples ; et sans laquelle rien n'empêche de remettre chaque jour en question ces mêmes institutions que nous semblons vouloir conserver.

Agréez , etc.

Le marquis DE CHABANNES.

Paris , ce 4 août 1830.

∽∽∽∽∽∽∽

A M. le Président de la chambre des députés.

M. le président ,

Ne trouvant pas le mandat que j'ai reçu suffisant pour élire un roi, faire une charte, je vous prie de faire agréer à la chambre ma démission de député de la Mayenne.

Signé : IGNEROLLES.

AU RÉDACTEUR DE LA QUOTIDIENNE.

Monsieur ,

J'ose espérer que , dans l'intérêt de la vérité, vous voudrez bien insérer dans l'un de vos prochains numéros la réclamation suivante contre des assertions erronées qui ont paru dans quelques journaux et qui portent les dettes de Madame la duchesse de Berri, à 6 millions.

Mandataire de S. A. R. , je suis à même d'affirmer que ses dettes actuelles ne s'élèvent pas à la vingtième partie de cette somme, et que ses effets mobiliers tant à Paris qu'à Saint-Cloud représentent un actif de plus du double , sans compter la terre de Rosny , propriété personnelle d'une valeur de plusieurs millions, et qui n'est grevée d'aucune hypothèque. Ainsi , les créanciers de Madame la duchesse de Berri doivent être entièrement rassurés sur le sort de leurs créances.

Au reste , si Madame n'a point laissé dans sa caisse une somme suffisante en espèces pour acquitter ses dettes du moment, c'est qu'elle n'a jamais pu rester sourde au cri de l'infortune , ni résister au besoin d'encourager les arts et l'industrie.

Pour accélérer la liquidation dont je suis chargé, les personnes qui n'auraient pas encore donné leurs mémoires, sont priées de les apporter sans retard au bureau de M. Cuchetet , commissaire-général de la maison de Madame la duchesse de Berri, à l'Elysée.

Agréez , etc.

PH. NICHOLS ,

Contrôleur général de la maison de Madame la duchesse de Berri, rue Saint-Nicolas d'Antin, n° 21.

Paris , 14 août 1830.

~~~~~~~~~~

Lorsque la constitution de l'an 8 fut pro-
~~~~~~~~~~

clamée en Belgique, le maire de Waasmunter, dans le pays de Waas, écrivit au préfet :

« Monsieur le préfet,

» J'ai reçu la nouvelle constitution que vous avez bien voulu m'envoyer, en m'invitant à la publier et à y prêter serment ainsi que les fonctionnaires publics. J'ai l'honneur de vous prévenir que nous l'avons jurée, le conseil municipal, mes adjoints et moi. Veuillez être persuadé, M. le préfet, qu'il en sera de même de toutes les constitutions qu'il vous plaira de nous adresser à l'avenir. »

Nantes, Imp. de C. Merson, rue Charles X.